VENTE du Mardi 19 Juin 1928

HOTEL DROUOT — SALLE N° 8

Collection P. G...

RECUEILS D'ORNEMENTS

ET

Livres d'Architecture

BEAUX-ARTS — RECUEILS D'ESTAMPES

TOPOGRAPHIE, etc...

Mᵉ A. DESVOUGES | M. Léo DELTEIL

CATALOGUE

DE

RECUEILS D'ORNEMENTS

ET

Livres d'Architecture

DES XVI', XVII', XVIII' ET XIX' SIÈCLES

BEAUX-ARTS - RECUEILS DE GRAVURES ET DE LITHOGRAPHIES - TOPOGRAPHIE - DIVERS

Composant la Collection de M. P. G...

.DONT LA VENTE AUX ENCHÈRES PUBLIQUES AURA LIEU A PARIS

HOTEL DROUOT — SALLE N° 8

Le Mardi 19 Juin 1928

à 2 heures précises

COMMISSAIRE PRISEUR	EXPERT
M^E A. DESVOUGES	**M. LÉO DELTEIL**
26, Rue de la Grange-Batelière	38, Rue de Châteaudun

CONDITIONS DE LA VENTE

La Vente aura lieu au comptant.

Les adjudicataires paieront *14 pour cent* en sus des enchères pour les pièces ne dépassant pas *250 francs* et de *19,50 pour cent* pour celles adjugées au-dessus de ce prix.

M. Léo Delteil se chargera, aux conditions d'usage, des ordres d'achat qui lui seront confiés (*Téléph : Trudaine 48-72*).

La Collection sera visible chez **M. Léo Delteil**, 38, rue de Châteaudun, du lundi 4 juin au samedi 16 juin 1928, de 9 h. 1/2 à midi et de 2 heures à 6 heures (le Dimanche excepté).

DÉSIGNATION

I. Livres d'Architecture
et Recueils d'Ornements

1° ÉCOLE FRANÇAISE
a. — (xvie et xviie siècles)

1. **Delaune** (Et.), *dit Stephanus*. Les douze mois de l'année. *F.L.D. Ciartres, excudit*; in-4 obl., d.-rel. v. avec coins.

    Suite complète de 12 piéces représentant les douze mois de l'année dans des bordures d'ornements en rapport avec chacun d'eux. — 2 planches remmargées.

2. — Réunion de 87 pièces : Grotesques, Combats et triomphes, petits sujets mythologiques et autres. les mois (10 p. sur 12), etc. — En ff., montées sur pap. anc.. dans un cart. *(plusieurs doubles)*.

3. **Sambin** (Hugues). de Dijon. Œuvre de la Divinité des Termes. dont on use en Architecture. reduict en ordre. *Lyon, Jean Durant*, 1572 : pet. in-fol.. dem.-rel. veau rac.. tr. rouges.

    Ouvrage composé de 76 pièces, y compris le titre-front. et renfermant 36 fig. de Termes, gravés sur bois, avec leurs explications.
    Exemplaire monté sur onglets. Le titre renforcé et plusieurs ff. sont plus courts.

4. **Audran** (Claude). Les mois de l'année. *A Paris, en l'Hôtel Royal des Gobelins ;* in-fol., dem.-rel. veau.

   Suite complète de 12 planches sur 6 feuilles.

5. **Barbet** (J.). Livre d'Architecture d'Autels et de cheminées. *A Paris, chez l'Autheur et chez M. Tavernier,* 1633 ; pet. in-fol., dem.-rel. veau avec coins.

   Suite complète de 20 pièces gravées par *A. Bosse,* y compris le titre, la dédicace au cardinal de Richelieu, et l'avis au lecteur qui manquent presque toujours. Quelques légères restaurations.

6. **Bérain** (Jean). Ornemens inventez par J. Bérain. *Et se vendent, chez M. Thuret, aux galeries du Louvre (Paris),* s. d. (1663-1710) ; in-fol., dem.-rel. v. avec coins.

   Très beau recueil d'ornements de l'époque Louis XIV : *Modèles de tapisseries* dites *Bérinades, Panneaux, Cheminées, Meubles, Bronzes, Boîtes d'horloges, Serrurerie, Parterres, Décorations funèbres,* etc.
   Cet exemplaire contient 100 planches, y compris le portrait de Bérain, gravé par Duflos. — Un certain nombre de planches sont remmargées.

7. — Ornemens inventez par J. Bérain. *Et se vendent chez Jos.-Frid. Léopold,* 1703 ; in-fol., dem.-rel. v., tr. rouges. Copie de l'édit. française. — Ex. renfermant 72 planches (remontées).

8. — Le même recueil, même édition. In-fol., dem.-rel. v. avec coins.

   Exemplaire renfermant 53 planches. — Plusieurs planches remmargées.

9. **Boizot.** (Trophées). *Avec Privilège du Roy* ; in-fol., dem.-rel. v. avec coins.

   Suite complète de 6 planches non signées.

10. **Bonnart** (*A Paris, chés N.*). Livre de Porte Cochère (*sic*) ; in-fol., dem.-rel. v. rac. avec coins.

    Suite complète de 6 planches à toutes marges.

11. **Bullet** (Pierre). Livre de nouveau de cheminées tirées de divers ouvrages de M. Bullet, gravé par J. Nolin. *A Paris, chez Langlois ;* in-4, dem.-rel. v.

Suite complète de 6 pièces. — On y a joint les planches 1, 3, 4 et 5 de la même suite publiée *chez J. Volin*, présentant quelques différences.

A la suite : *Verschyde Schoorsteen* **mantels nieulykx geinventeert** *door M. Bullet. T'Amsterdam, C. Danckerts fecit.* Suite de 20 planches (dont les 6 premières sont la répétition gravée en contre-partie de la suite ci-dessus).

Ensemble 30 pièces (Plusieurs planches remontées).

12. **Charmeton** (G.). Plusieurs Vaze *(sic)*. *A Paris, chez Audran*, 1676 : in-fol., dem.-rel. chag. grenat avec coins.

Suite complète de 6 planches gravées par N. Robert.

13. **Cotelle** (Jean). 1er (et Livre second) de divers ornemens pour plafonds, cintres surbaissez, galleries et autres. *A Paris, chez P. Mariette ;* in-fol., dem.-rel. v.

Suite de 22 planches (sur 24), comprenant titre, dédicace, portrait de la Princesse de Guéménée à qui l'ouvrage est dédié et de 8 planches par la première suite; de 15 planches, dont le titre, pour la deuxième suite (manque les planches 9 et 10).

On a relié à la suite du même : *Nouveau livre de Chenest et autres ouvrages d'orfèvrerie. A Paris, chez de Poilly.* Suite complète de 6 planches.

Ensemble 28 planches, la plupart remmargées.

14. **Cottart** (P.). Recueil des plus beaux Portails de plusieurs Eglises de Paris. 1660. *Van Merle, rue S. Jacques ;* in-4, dem.-rel. bas. avec coins.

Suite complète de 12 planches (remontées).

15. **Heince** (Zach.) et Fr. Bignon. (Frises : Tritons et Naïades). *Le Blond, excud.* ; in-fol. agenda. dem.-rel. v. avec coins.

Suite complète de 12 planches, la première avec dédicace au chancelier P. Séguier.

16. **Le Pautre** (Anthoine). Desseins de plusieurs Palais, plans et élévations en perspective géométrique... *A Paris, chez Jombert.* In-fol., en ff., dans un cart.

Réunion de 17 pièces de texte (incomplet), d'un titre-front. avec portrait et des planches 4, 6 à 8, 11 à 15, 18 à 22, 24 à 27, 30 (en 2 planches), 32, 38 à 40, 43, 46, 50, 51 et 54, soit 29 planches.

On y a joint 48 planches diverses par *Ant. et Pierre le Pautre : Buffets, tables, cheminées, etc.*

En tout 77 planches.

17. **Le Pautre** (Jean). [Œuvres d'Architecture]. *Paris, Langlois, Mariette, Jombert, etc.* In-fol., en feuilles, dans 2 cartons.

> Réunion de 675 planches de son œuvre : Décorations intérieures et extérieures, alcôves, lambris, plafonds, cheminées, portes-cochères, vases, serrurerie, jardins, grottes, fontaines, etc.
> Toutes les planches sont remontées, en bon tirage, sauf quelques planches. Une quarantaine de pièces sont incomplètes.

18. **Marot** (D.). Nouveau livre d'ornements pour l'utillitée des Sculpteurs et Orfèvres. *La Haye* (1703) ; in-fol., dem.-rel. v.

> Recueil important par l'histoire de l'art ornemental du xviiᵉ siècle.
> Notre exemplaire comprend le titre (réimprimé) et 126 planches représentant des décorations intérieures et extérieures, des meubles, objets d'orfèvrerie et de bijouterie, jardins, vases, fontaines, etc., imprimées en noir et en sanguine.
> Un grand nombre des planches sont remontées.

19. **Montcornet**. Livre Nouveau de fleurs très util pour l'art d'orfèvrerie et autres. *À Amsterdam, chez Nicolaus Vischer* ; pet. in-4 oblong, dem.-rel. mar. grain long avec coins.

> Suite de titre et 13 planches (2 planches remmargées).

20. **Simonin**. Plusieurs Pièces et Ornements d'Arquebuzerie les plus en usage tiré des ouvrages de Laurent le Languedoc arquebuziers du Roy. *A Paris*, 1685 ; in-4, dem.-rel. v. avec coins.

> Suite de 8 planches (Le titre est remonté et incomplet).

21. **Stella**. Livre (et Second) de Vases. *A Paris, chez Claudine Stella*, 1667. In-4, en ff.

> Suite complète de 50 planches de vases, brûle-parfums, coupes, bougeoirs, flambeaux, etc.

b. — (xviiiᵉ siècle)

22. **Aubert-Parent**. IVᵉ cahier de Vases. *A Paris, chez Mondhare et Jean.* In-fol., dem.-rel. bas. rac. avec coins.

> Suite complète de 6 pièces à toutes marges (sauf 1).

23. Babel. Œuvres. *Paris. Chéreau* ; in-fol., d.-rel. veau, tr. rouges.

Exemplaire composé de 53 planches (remontées), comprenant 72 sujets :

1° *Différents compartiments d'ornements.* Suite complète de 8 planches.

2° *Cartouches décorés.* Suite complète de 8 planches.

3° *Cartouches pour être accompagnés de supports et trophées.* Suite complète de 4 planches.

4° *Cartouches nouveaux.* Suite complète de 4 planches.

5° *Cartouches pittoresques.* Suite complète de 4 planches.

6° *Fontaine en forme de cartouche.* Suite complète de 4 planches.

7° *Fontaines décorées.* Suite complète de 4 pièces.

8° *Cartouches avec fontaine au milieu.* 2 pièces.

9° *Pièces diverses* : Ornements et fleurs, cartouches, encadrements, etc. 13 planches renfermant 28 motifs (1 planche incomplète, en partie refaite à la main).

10° *Premier livre de nouveaux desseins de serrurerie.* Titre et 5 planches (sur 12).

24. Bachelier (J.-J.). Collection de culs-de-lampes et fleurons. *A Paris, chez la V᷎ de F. Chéreau* ; in-4, rel. pleine v. anc.

Collection complète de 12 planches (remarquées) gravées par P. Choffard.

25. Blondel (J.-Fr.). Livre nouveau ou règles des cinq ordres d'architecture par J. Barozzio de Vignole. Nouvellement revû, corrigé et augm. par M. B*** (Blondel). *A Paris, chez Mondhare et Jean.* In-fol., dem.-rel. v. avec coins.

Exemplaire formé avec des planches isolées, de différents formats (plusieurs remmargées), renfermant 106 planches. — Les 50 dernières planches sont consacrées à l'ornementation intérieure des appartements et a l'ameublement.

26. Blondel. Treillages. *A Paris, chez Daumont* ; in-fol. obl., dem.-rel. v.

Suite de 14 planches numérotées de 1 à 16 (manque les planches 9 et 14). Les planches 6 et 12 sont *coloriées* ; les planches 1, 3 et 5 sont en double *coloriées*. (1 planche est a l'adresse de Basset). A la suite, on a relié 3 planches diverses dont 2 coloriées. — En tout 20 planches.

27. Boucher (Fr.). Premier — Cinquième Livre de Groupes d'Enfans. *A Paris, chez Huquier* ; in-4, dem.-rel. v. avec coins.

Suite de 3o planches divisées en 5 livres de 6 planches gravées par Aveline, La Rue et Huquier fils.
A la suite :
1° Livre des Arts. Suite de 6 pièces.
2° Les Saisons. Suite de 4 pièces.
3° Les Eléments. Suite de 4 pièces.
Ensemble 44 pièces.
Toutes les pièces (sauf 4) sont remmargées ; restaurations à plusieurs planches. *La planche 6 du 1" livre de groupe d'amours et celle du printemps* qui manquaient ont été remplacées par des calques).
Portrait de F. Boucher, ajouté.

28. — Livre de cartouches. *A Paris, chez Huquier* ; in-fol., dem.-rel. v. avec coins.

> Suite complète de 12 planches.
> Bel exemplaire contenant la 1" planche en état *avant lettre* et la planche 4 à *l'état d'eau-forte, non terminée.*

29. **Baucher fils** (Fr.). Premier (— VIIIe) cahier d'Arabesques. *A' Paris, rue St Jacques aux 2 Piliers d'Or* ; in-fol., dem.-rel. v. avec coins.

> Suite complète de 48 planches tirées sur 12 feuilles, en belles épreuves à toutes marges (sauf 2 remargées).

30. **Caillouët.** (1er (— XIIe) cahier de Principes d'Ornements, dess, par Caillouët et gravés par Lucien. *A Paris, chez Chereau, s. d.* ; in-fol., dem.-rel. bas. avec coins.

> Série complète de 12 cahiers de 4 planches chacun, soit 48 planches imprimées en sanguine (Le 9° cahier représente des *vases*).
> Bel exemplaire.

31. **Cauvet** (G.-P.). [Recueil d'Ornemens à l'usage des jeunes artistes qui se destinent à la décoration des bâtimens. *A Paris, chez l'auteur*, 1777] ; in-fol., dem.-rel. v. avec coins.

> Beau recueil d'ornements, panneaux, frises, vases, etc., du plus pur style Louis XVI.
> Notre exemplaire se compose d'un titre *calligraphié, d'une dédicace, d'un frontispice avec portrait du comte de Provence* et de 80 planches la plupart remmargées, avec plus de 100 motifs et ornements (19 planches sont imprimées en sanguine).

32. **Charpentier** (R.). Premier (et second) livre de différents trophées. *A Paris, chez Huquier* ; pet. in-fol., dem.-rel. v. avec coins.

> Suite complète de 24 planches (remmargées), dont 2 titres, gravées

par *Huquier*. — Une partie du titre du 2ᵉ livre et la planche B¹ qui manquaient ont été remplacées par des *calques*.

33. **Chedel** (Q.-P.). Second livres (*sic*) de Fantaisies, cartouches, ornements, fontaines et paysages. *A Paris, chés la Vᵉ Chéreau;* in-4 obl., dem.-rel. v. avec coins.

Suite complète de 6 pièces (remmargées), sans le titre.

34. **Cherpitel.** [Différents Trophées pastoraux, arts, chasse, etc., gravés par lui-même]. *A Paris, chés la Vᵉ Chereau;* in-fol., dem.-rel. bas. avec coins.

Suite complète de 8 pièces (remontées).

35. **Chopard** (J.-F.). [Modèles de voitures Louis XV]. *A Paris, chez Poilly*; in-fol., en ff., dans un cart.

Suite composée de 3 cahiers, la 1ʳᵉ (A) de 13 planches et les deux autres (B et C) de 12 planches chacune. Soit 37 planches.

Il manque à notre exemplaire 10 planches (1 et 2 du cahier B et 1, 2, 4 à 9 du cahier C). (*Ce 3ᵉ cahier n'est pas cité par Guilmard*).

On y a joint 5 planches doubles. Ensemble 32 planches (plusieurs remmargées).

36. **Cornille** (F.). Œuvre complet. *A Paris, chés Chereau, s. d.;* in-fol.. dem.-rel. v. avec coins.

Œuvre complet composé de 12 livres de 4 planches chacun, sauf le 7ᵉ qui a 6 planches, soit 50 planches: *Rétables d'autels, Portes-cochères, Confessionnaux, Alcôves, Armoires, Bancs d'œuvre, Chaises, Lambris, Intérieurs et pendules, Orgues, Stalles, Lambris.*

37. **Cuvilliès** (Fr. de) père et fils. Réunion de 31 planches de son Œuvre. — Ep. remmargées, plusieurs en état médiocre et 2 incomplètes. En ff., dans un cart.

Fontaines, meubles, cheminées. etc.

38. **Delafosse** (J.-Ch.). Œuvre. *Paris, Chereau*, 1771 (-1775); 3 vol. in-fol.. rel. anc. veau.

Réunion des différentes parties de l'œuvre de ce maitre ornemaniste, comprenant:

1ᵒ Nouvelle iconologie historique. 108 planches, divisées en 18 cahiers de 6 planches chacun. On y a joint une table manuscrite en tête du vol.

2ᵒ Différens cahiers de décoration, sculptures, orfèvrerie et ornemens divers. 131 planches (sur 150) en 26 cahiers (manque 1 planche aux cahiers Y, Z, CC ; 2 planches au cahier EE ; 1 planche aux cahiers HH, II ; 2 planches au cahier KK ; 4 planches au cahier TT et les 6 planches du cahier W). — On y a joint 4 planches de Trophées gravées par Voysard (sur 24) et le titre (en réimpression). Ensemble 135 planches.

3° Recueil de meubles, canapés, fauteuils, lits, cheminées, buffets, etc.). 110 planches (sur 134) divisées en 33 cahiers de 4 planches chacun (manque 2 planches cahier A ; 1 planche cahier E ; 2 planches cahier G et L ; 4 planches cahier M ; 1 planche cahier P ; 4 planches cahier DD ; 2 planches cahier EE et FF ; 1 planche cahier GG et II). — On y a joint 8 planches représentant les cinq ordres d'architecture, gravées par Duruisseau et 1 table manuscrite. Ensemble 168 planches.

En tout 361 planches ; elles sont remontées et ont été reliées dans 3 reliures anciennes en veau.

39. — Réunion de 201 planches de l'Œuvre de Delafosse (dont 87 pour l'Iconologie et 114 pl. diverses et d'attributs). In-fol. en ff., dans un cart.

40. **Demarteau l'aîné.** Plusieurs Trophées. *A Paris, chés l'Auteur et chés François* ; in-4, dem.-rel. v. avec coins.

Suite complète de 6 planches (remargées) dont le titre.

41. **De Marteau le jeune.** (Motifs d'Arquebuserie), en 1 vol. pet. in-4, dem.-rel. v. avec coins.

Suite rare de 19 pièces numérotées (sur 26). Manque les planches 1 et 21 à 26 ; les planches 6, 11 et 13 sont remmargées et peut être incomplètes. 3 motifs de planches sont ajoutés à la fin.

42. **Duflos** (Aug.). Recueil de Desseins de Joaillerie, fait par Augustin Duclos, M^d Joaillier à Paris, et gravé par Claude Duflos. *A Paris, chez Claude Duflos;* in-4 obl., dem.-rel.

Suite de 33 planches, dont 4 feuillets gravés pour la dédicace, le titre orné, le discours préliminaire et 29 planches de charmants modèles de bijoux de l'époque Louis XVI. (Il manque à notre exemplaire le 1er feuillet de dédicace et les 2 dernières planches).

43 **Duplessis fils** Première (et 2e) Suite de Vases. *A Paris, chez l'Auteur;* in-fol., dem.-rel. v. avec coins.

Suite complète de 10 planches (remmargées), dont 6 pour la 1re suite et 4 pour la 2e.

44. **Eisen** (Ch.). Premier (- Sixième). Livre d'une Œuvre suivie, contenant différents sujets de décorations et d'ornemens, comme vases, tombeaux, niches. fontaines, groupes de figures, statues. *Paris,* 1753 ; in-4, dem.-rel. v. avec coins.

Réunion de 1 port. de Ch. Eisen, gravé par Ficquet et de 32 planches comprenant des pièces de la suite ci-dessus (qui doit comporter 36 pièces) et des pièces publiées isolément.
Ces planches sont remontées ou remmargées.

45. **Forty** (J.-F.). Œuvres d'orfèvrerie à l'usage des Eglises. *A Paris, chez l'Auteur, chez M. Delanois et à Marseille, chez M. de Forty* ; in-fol., dem.-rel.

Suite complète de 18 planches en III livres. — Les 2 premières suites renferment des *Calices* et *Ciboires;* la 3ᵉ suite représente des *Flambeaux de table.* Bel ex. (6 pl. un peu plus courtes et remontées au format).

46. **Germain** (Pierre). Eléments d'orfèvrerie divisés en deux parties de 50 feuillets chacune. *A Paris, chez l'auteur et chés la Vᵉ de F. Chereau,* 1748 ; 2 parties en 1 vol. in-4, rel. pleine.

Ouvrage composé de 2 titres pour les 1ʳᵉ et 2ᵉ partie, table, dédicace, avis et 100 planches donnant de beaux modèles *d'orfèvrerie civile et religieuse.*
Quelques planches sont plus courtes; la dédicace et 4 planches sont remmargées.

47. **Huet** (C.). Trofées (*sic*) de Chasse, dessinez par C. Huet et gravez par Guélard. *A Paris, chez J. Chereau. A.P.D.R;* in-fol., dem.-rel. bas.

Suite complète de 6 planches.

48. **Jacque** (M.). Vases Nouveaux. *A Paris, chez Daumont;* in-fol., dem.-rel. toile.

Suite complète de 6 planches (remmargées) dont le tiire.

49. — Œuvres. In-fol., dem.-rel. mar. grenat avec coins, dos orné.

Exemplaire composé de :
1ᵉ Vases nouveaux. *A Paris, chez Daumont.* Suite complète de 6 pièces gravées par Mme Tardieu (2 pl. remmargées).
2ᵉ Nouveau livre de fleurs. *A Paris, chez Tardieu.* Suite complète de 6 pièces gravées par P.-F. Tardieu (4 pl. remm.)
3ᵒ Nouveau livre de roses. *A Paris, chez Chereau.* Suite de titre *(avant la lettre)* et pl. 2 (remm.)
4ᵒ Suites de décorations, de six feuilles, à l'usage des théâtres, panneaux, carosses, etc. *A Paris, chez J.-Ph. Le Bas.* Suite complète de 6 pièces gravées par Le Bas (4 remm. ; 3 pl. imp. en sanguine).
Ens. 20 pièces. — Rare.

50. **La Collombe** (de) et De Marteau le jeune. (Arquebuserie).
Réunion de 10 pièces montées en 1 vol. in-4 obl., dem.-rel.
v. avec coins.

Réunion rare de 10 pièces, dont 7 de La Collombe, datées de 1702 à
1730 et 3 signées de De Marteau, datées de 1743 et 1744.

51. **La Joue** (J. de). [Livres de Cartouches, Fontaines, et
Dessus de Portes]. *J.-G. Merz, excud.. Aug. Vind.* In-fol.,
dem.-rel. v. avec coins.

Réunion de 61 planches (remontées), comprenant 39 planches de
Cartouches (sur 42), publ. en 7 livres de 6 pièces chacun, de 10 planches
de *Fontaines* (sur 12), pub. en 2 livres, de 6 planches : *Nouveau Livre
de buffets*, et 6 planches : *Dessus de portes.*

52. **Lalonde.** Premier (- 4e) cahier de Meubles et d'Ebéniste-
ries. *A Paris, chez Chereau* ; in-fol., dem.-rel. mar. à grain
long avec coins.

Série complète de 4 cahiers de 6 planches chacun, soit 24 planches
gravées par *De Saint-Morien.* — *Rare.*

53. **Le Canu.** (Œuvres). *Paris, Chereau* ; petit in-fol., dem.-rel.
v. avec coins.

Exemplaire comprenant :
1" Cahier : Fontaines, 6 p.
2' Cahier : Portes-cochères, 6 p.
3' Cahier : Elévations, coupes et plans de bâtiments, 6 p.
4' Cahier : Cheminées, 6 p.
Cayer de Poêles antiques, 8 p.
Suite de Tombeaux antiques, 8 p.
Fontaines monumentales, 2 p.
Ensemble 42 planches sur 34 feuilles.

54. **Le Geay** (G.-L.). [Collection de divers sujets de Vases,
Tombeaux, Ruines et Fontaines], 1768 ; in-4, dem.-rel. v.

Réunion de 26 planches, la plupart remontées.

55. **Le Rouge.** Jardins. *A Paris, chez Le Rouge* ; in-fol., en
ff., dans un carton.

Réunion de 185 planches, comprenant :
1" Cahier 10 pl. (pl. 1 à 10).
2'   —   23 pl. (complet).
3'   —   27 pl. (sur 28 ; manque la pl. 12).
4'   —   7 pl. (pl. 1, 5, 18, 27 à 30).
5'   —   2 pl. (pl. 1 et 8).

6ᵉ Cahier 27 pl. (sur 3o ; manque les pl. 8, 17 et 19).
7ᵉ   —   14 pl. (pl. 1, 2 à 7, 10, 15 à 19, 24 à 26).
8ᵉ   —   7 pl. (pl. 3, 7, 13, 18, 19, 24 et 25).
9ᵉ   —   3 pl. (pl. 10 à 12).
10ᵉ   —   3 pl. (pl. 7 à 9).
11ᵉ   —   6 pl. (pl. 12 à 15, 18 et 20).
12ᵉ   —   21 pl. (sur 26 ; manque pl. 10, 11, 16 et texte, 25 et 26).
13ᵉ   —   24 pl. (sur 26 ; manque pl. 1 et 3).
20ᵉ   —   9 pl. (pl. 1, 2, 5, 6, 8 à 11 et 15).
Plan géométral de l'église de la Magdeleine, 12 pl.
Vue de l'Ecole Militaire ; Frontispice, 2 pl.

56. Marillier. Nouveaux Trophées ou Cartouches représentant les Arts et les Sciences. *A Paris, chez Mondhare* ; in-fol., dem.-mar. bleu avec coins.

Suite complète de 13 planches, dont le titre-frontispice, gravées par Berthault, Arrivet, Le Roy, etc. (4 pl. un peu plus courtes remontées au format).

57. Neufforge (de). Recueil élémentaire d'Architecture. *Paris, l'auteur* (1757-1772). In-fol., en ff., dans un cart.

Réunion de 291 planches de l'œuvre de Neufforge, dont 238 pour le *Recueil élémentaire*, 46 pour le *supplément*, et 7 pl. : *Nouveaux Livres de plusieurs projets d'autels et de baldaquins.*

58. Percenet. Recueil de Vases. Iʳᵉ (et IIᵉ) suitte (*sic*). *A Paris, chez la Vᵉ de F. Chereau* ; in-4, dem.-rel. mar. rouge grain long avec coins.

Suite complète de 14 planches en 2 cahiers de 7 planches chacun.

59. Petitot (E.-A.). Suite de Douze Vases composés par Petitot. *A Paris, chez Basan*. Suite de 12 planches, gravées par Boucher dont le titre-front., en 1 vol. in-4, dem.-rel. bas. avec coins.

60. Pineau (Nic.). Œuvres. Réunion de 1 port. et 54 pièces *publiées chez Mariette, Basset et Chereau*, montées en 1 vol. in-fol., dem.-rel. bas. avec coins.

L'Œuvre de Pineau d'un fort bon goût, est difficile à former.
Le recueil ci-dessus comprend : *Nouv. desseins de pieds de tables et de vases et consoles de sculptures en bois.* 6 p. — (*Consoles*). 3 p. signées : Pineau f. — *Nouv. desseins de plaques, consoles, torchères et médaillons.* (4 p. sur 6). — *Nouv. desseins de lits.* 4 p. (sur 6). — (*Cartouches*). 6 p. — *Nouv. desseins de plafonds.* 5 p. (sur 6). — *Cheminées*, 6 p. — *Nouv. desseins de lambris, cheminées, portes à pla-*

cards, trumeaux, lit en niche, riches buffets, etc., 14 p. — *Nouv. desseins d'autels et de baldaquins.* 5 p. (sur 6, plus la pl. 4 en double). — Port de *D. Pineau,* gravé par Moreau le jeune.
Un certain nombre de planches sont remontées et plusieurs ont subi des restaurations.

61. Pouget fils. Traité des Pierres précieuses et de la manière de les employer en Parure. *A Paris, chez l'auteur, Md Joyaillier, et chez Tilliard,* 1762 ; in-4, rel. anc. v. rac., dos orné.

Ouvrage composé d'un titre-front., de 88 p. de texte imprimé, plus 1 f. de privilège et de 79 planches de *modèles de bijoux et parures,* gravées par Mlle Raimbau.
Bel ex. provenant de la *Bibl. des Goncourt, avec sa signature* et portant l'ex-libris de Victor, duc de St-Simon Vermandois.

62. Queverdo (Fr. M.). Premier (et deuxième) cayer de Panneaux, Frises et sujets arabesques. *A Paris, chez Chéreau et Joubert* (1788) ; in-fol., dem.-rel. v. avec coins.

Suite complète de 12 planches, en 2 cahiers de 6 planches chacun (1 pl. remmargée).

63. Ranson. 1er (-Ve) cahier de Groupes de Fleurs et d'ornements dess. par Ranson. *A Paris, chés Fr. Chereau ;* in-fol., dem.-rel. mar. rouge à long grain avec coins.

Série de 5 cahiers de 6 planches chacun, marqués A. D, soit 30 planches (Manque les pl. 3 et 5 du 5e cahier).
Soit 28 planches ; elles sont remmargées.

64. — Œuvres. Réunion de titre (réimprimé) et 109 pl. diverses : Différents attributs, trophées et groupes de fleurs, cartouches et ornemens, lits, etc. En ff., dans un cart.

65 Salembier. Principes d'ornemens. *A Paris, chez l'auteur et chez Bance l'aîné ;* in-4 obl., dem.-rel. veau.

Suite complète de 10 cahiers de 4 planches, soit 40 planches.

66. — Cahier d'arabesques. *A Paris, chez Chereau ;* in-fol., dem.-rel. v. avec coins.

Suite complète de 6 pièces.

67. — [Modèles d'orfèvrerie]. *A Paris, chez Bance aîné ;* in-fol., rel. veau.

Recueil de la plus grande rareté (Guilmard n'a vu que 4 planches), composé de 6 cahiers de 6 planches chacun, soit 36 planches de *Modèles d'orfèvrerie : Soupières, huiliers, moutardiers, feux, pelles et pincettes, vases et flambeaux, sucriers, saucières et gobelets, salières, plats, cuillières et fourchettes, etc.*

Notre ex. renferme 34 pl. (sur 36 ; manque les pl. 16 et 18).

68. **Saly** (Jacques). [Recueil de Vases]. *S. l.*, 1746 ; in-4, dem.-rel. v. avec coins.

Titre-dédicace et 30 planches (remontées, sauf 4). On a ajouté 1 pl. : *Monument funéraire.*

69. **Toro** (J.-B.). Œuvres. *Paris et liv* ; in-fol., dem.-rel. v. avec coins.

Œuvre remarquable et des plus difficiles à réunir. Le présent ex. comprend 86 planches gravées par *de Rochefort, C. Cochin, H. Blanc, B. Pavilon*, etc. : *Livre de tables, cartouches, trophées, desseins à plusieurs usages, vases, têtes et macarons, frises*, etc.

La plupart des planches sont remmargées et plusieurs restaurées.

c. — (xixe siècle)

70. **Jacob Petit.** Collection de Dessins d'ornement, composés, dessinés et gravés par Jacob Petit. *Paris, s. d.* ; in-fol., dem.-rel. chag. vert à grain long avec coins, n. rogné.

Suite de couverture et 50 planches de modèles de *comptoirs, candélabres, vases, canapés, cheminées, fontaines à thé, toilettes et lavabos, fauteuils, baignoires, cheminées, lampes, tables, psychées*, etc.

71. **Meubles et Objets de Goût** (Collection de). *Paris, au Bureau du Journal des Dames*, 18.. ; in-fol., en ff., cart. dos vélin avec coins.

Collection comprenant le titre et 272 planches (N°s 3, 4, 7, 13, 14, 24, 26, 28, 63, 74, 75, 81, 83, 84, 87, 91, 92, 93, 102, 106, 107, 109, 112 à 115, 119, 122 à 124, 127, 129, 133, 136, 138, 148, 154, 156, 159, 169, 172, 179, 180, 185, 199, 213, 215, 234, 236, 237, 240, 243, 256, 261, 269, 271, 273 à 278, 281, 282, 291, 293, 294, 296, 303, 304, 308 à 310, 313, 314, 317, 319, 320, 322, 323, 327, 330, 333 à 335, 337, 338, 340, 341, 343, 344, 347, 349, 351 à 357, 360 à 362, 364, 365, 367, 369, 370 à 374, 377 à 379, 382, 384, 385, 388, 392 à 394, 396, 398, 400, 406, 417, 419, 422, 440 à 448, 450 à 452, 454, 455, 456, 460, 463, 468, 471, 475, 477, 479, 485, 487, 489, 491, 492, 493, 495 à 497, 501 à 506, 508, 510 à 515, 518 à 520, 525, 528 à 537, 539 à 549, 551, 552, 555, 557 à 562, 564, 566 à 578, 580, 582, 583, 586 à 589, 591, 593 à 600, 602, 607, 608, 651 et 672).

On y a jointe une suite complète de 10 planches : *Paris*, et représentant des lits et tentures.

72. **Normand** (Charles). Le guide de l'ornemaniste ou de l'ornement pour la décoration des bâtimens. *Paris, l'auteur,* 1826 ; in-fol., dem.-rel. anc., n. rogné.

Titre, préface, table (14 pp.) et 36 planches.

73. **Percier et Fontaine.** Recueil de décorations intérieures comprenant tout ce qui a rapport à l'Ameublement. *Paris, an IV-*1801 ; in-fol., dem.-rel. mar. vert à grain long avec coins.

Couv., texte, 43 pp. et 72 planches. — 2 portraits ajoutés.

74. **Santi.** Modèles de Meubles et de décorations intérieures, dess. par M. Santi et gravés par Mme Soyer. *Paris, Bance ainé,* 1028 ; in-fol., dem.-rel. chag. rouge, n. rogné.

Ex. incomplet, comprenant : Faux titre, titre imp., pl. 1 (titre front.), 2, 4, 8, 12, 13, 16, 17, 19, 22, 26, 31, 35, 39, 43, 48, 50, 57 (en double, noir et coloriée), 59, 61, 63, 65 et 68. — 4 pl. ajoutées. Ens. 29 planches.

2° ECOLE ALLEMANDE

75. **Baumann** (David). Ein neues Buch von allerhand Bold-Arbeit... *J-F. Leopold, exc.* ; in-4, cart.

Suite complète de 17 planches, y compris le titre, gravées par Frid. Léopold, représentant des *motifs de bijouterie* dans le genre de Morisson.

76. **Baumgartner** (Joh.-Jacob). Bank Neu inventiertes Laub und Bandl werck... *Augsbourg,* 1727 ; in-4 obl., dem.-rel. v. avec coins.

Réunion de 11 planches *d'orfèvrerie,* dont 2 titres, appartenant à divers suites. Ces planches, sauf une, sont remmargées.

77. **Bichel** (Ægidius). Allerhand inventiones von Frankolischen Laub. Wercks, etc. *Jos. Frid. Leopold excudit A. V.,* 1696 ; in-fol , dem.-rel. v.

Suite de 10 pièces. On a relié à la suite du même artiste 14 planches, le tout représentant des *cartouches de feuillages avec sujets mythologiques, rinceaux. vases,* etc.

78 **Drentwett** (Abraham). [Orfèvrerie]. *J. Wolff, excudit Aug. Vind.* ; in-fol., dem.-rel. v. avec coins.

Réunion de 19 planches de l'œuvre remarquable de cet artiste, représentant des *motifs d'orfèvrerie, mélangés d'ornements formant encadrement, vases, vaisseaux à rafraîchir, fontaines, bassins, cadres de glace, meubles*, etc. (Une planche est incomplète de la partie supérieure).

79. **Eichler** (Gott.) jun. Historiæ et Allegoriæ. *Joh. G. Hertel, Aug. Vind.;* in-4. dem.-rel. anc.

Recueil complet de 5 titres et 100 planches de *Compositions allégoriques avec motifs rocailles* et de 2 ff. de table.

80. **Eysler** (Joh. Leonhard), orfèvre et graveur à Nuremberg. [Œuvre]. *Joh. Chr. Weizel, excudit, s. d.* (vers 1730) ; in-4. cart.

Réunion *rare* de 94 sujets sur 89 feuilles, montés en un volume et représentant des *frises formées d'entrelacs et de rinceaux de feuillage, des macarons, dessus de boîtes, festons de fruits et de fleurs, les mois de l'année et des motifs divers.*

81. **Hoppenhaupt.** [Œuvre]. Réunion de 25 pl. en 1 vol. infol., dem.-rel. veau avec coins.

Recueil renfermant : *Pavillon*, 2 p. ; *grands décors de lambris de salon*, 2 p. ; *cheminées avec glaces au-dessus*, 4 p. ; *console avec glace au-dessus*, 1 p. ; *lustre*, 1 p. ; *commodes et consoles*, 6 p. ; *horloges*, 5 p. ; *chaise à porteur*, 4 p.
Très rare.

82. **Riedel** (G.-F.). Vases sur piédestaux. *J. Gradman, exc. A. V.* (1779) ; in-4, dem.-rel. bas.

Suite complète 12 planches.

83. **Ecole allemande, XVIIe siècle.** *J.-L. Leopold, excudit.* 2 albums in-fol., dem.-rel. v.

1° Bichel (Æ gid.), 1696 : 15 planches.
2° Biller (Albrecht), 1703 : 5 planches.
Ens. 20 planches d'ornements divers.

84. **Ecole allemande, XVIIIe siècle.** Réunion de 246 planches. En ff., dans un carton.

Réunion comprenant :
1° **Schubler** (J.-J.). 39 planches du Recueil *pub. à Augsbourg*, plus 12 planches doubles. Ens. 57 planches.
2° **Habermann.** Réunion de 36 planches de son œuvre, plus 11 planches doubles. Ens. 47 planches.
3° **Nilson.** Réunion de 142 planches de son œuvre, dont quelques doubles.

3° ECOLE DES PAYS-BAS

85. **Pas** (Crispin de) le jeune. Oficina arcularia... Bouticque menuiserie. *Amstelodami*, 1642 ; in-fol., dem.-rel. v.

Suite de titre et 20 planches représentant des *meubles, sièges* et détails.

86. **Schynvoet** (S.). S. Schynvoets Voorbeelden der Lusthof-Cieraaden, zynde Vaasen, Pedestallen, Orangie bäkken, Blompotten eid Andere Bywerken, etc. — S. Schynvoets Voorbeelden der Lusthof-Cieraaden zynde Piramiden, eer-zuylen en Andere Bywerken. — Ens. en 1 vol. in-fol., dem.-rel. v.

La 1" suite se compose de 22 planches (sur 24 ; manque les planches 8 et 10) représentant des *vases*. La 2' suite se compose de 16 planches (sur 25 ? ; manque les planches 2, 3, 5 à 8, 16, 17 et 24) représentant des obélisques.
Ensemble 38 planches.

87. **Vriese** (Vredeman de). [Œuvres]. 3 vol. in-fol., dem.-rel., et en ff., dans un carton.

Réunion comprenant :
1° Architectura. *Antverpie, Gerardus de Jode*, 1577 ; titre et 23 planches (manque les 5 ff. de texte ; les planches sont mal reliées).
2° [Détail de colonnes]. *H. Cock, excudebat*, 1563 ; 36 planches (mauvais état de conservation).
3° [Sujets d'architecture]. Suite de dédicace au Cardinal A. Perrenot de Granvelle et 28 planches (remontées), grav. par H. Cock.
4° Décorations de puits (24 pl.) ; Vues perspectives de monuments dans des ovales en haut. et en larg. ; tombeaux, etc. Lot de plus de 160 planches, en ff. (un certain nombre de doubles).

4° ECOLE ITALIENNE

88. **Alphabet** italien. *S. l., n. d.* (XVIIIe siècle) ; in-4 obl., dem.-rel. v.

Suite de 24 planches imprimées en bistre, représentant les lettres de l'alphabet avec personnages. — Manque le titre (?)

89. **Bella** (St. de la). Raccolta di Vasi diversi. *In Roma, G.-J. de Rossi :* in-4 obl., dem.-rel. v. avec coins.

Suite complète de 6 pièces représentant une quarantaine de petits vases.

90. **Cerinus** (Pet.). [Frises, montants et cartouches formés de rinceaux de feuillages]. *Rome* ; in-4 obl., dem.-rel. v.

> Suite de 10 planches (sur 12) gravées par *Nic. Billy*.

91. **Fanelli** (Fr). Fontaines et Jets d'eau dessinés d'après les plus beaux lieux d'Italie. — Dessins de grottes. *A Paris, chez X. Langlois.* — 2 suites en 1 vol, in-4, dem.-rel. bas. avec coins.

> La 1re suite, complète, comprend 16 planches, dont le titre. La 2e suite comprend 4 planches (sur 5).
> Ensemble 20 planches.

92. **Farinaste** (Paul). Diverses figures de petits Amours, anges vollants (*sic*) et enfans, propre à mettre sur frontons, portes et autres lieux. *A Paris, chez C.-A. Jombert*, 1736 ; pet. in-4 obl., cart.

> Suite complète de 30 planches dont le titre, gravées par A. Bosse.

93. **Giardini** (J.).[Promptuarium artis argentariæ. *Rome*, 1750 : in-fol., en ff., dans un cart.

> Recueil divisé en 2 parties, comprenant 2 titres et 101 planches *d'orfèvrerie religieuse*.

94. **La Guortière** (F. de). Recueil des Grotesques de Raphael d'Urbin, peintes dans les loges du Vatican à Rome. *A Paris, chés Marietto* ; in-fol., dem.-rel. v. avec coins.

> Suite complète de 17 planches, dont le titre.

95. **Mitelli** (Agostino). [OEuvres]. In-fol., dem.-rel. v. avec coins, tr. rouges.

> Réunion de 136 sujets montés ou publiés en 106 planches, représentant des *Montants d'ornements, cartouches, fragments, chapiteaux, vases, vestibules et paliers d'escaliers*, etc.
> On a relié à la suite de **G.-M. Mitelli**, 32 planches représentant des *Proverbes* et des lettres *d'alphabet*.

96. **Panfili** (Pio). Prammenti di Ornati per li Giovani principianti nel disegno, 1783 ; in-4, dem.-rel. v. avec coins.

> Suite de 24 pièces (remontées), dont le titre, d'après J. Le Pôtre, Bossi, Minozzi et autres.

97. **Polidor de Carravage**. Vases dans le goût antiquo des-

sinés à Rome. *A Paris, chés Daumont*; in-fol., dem.-rel. v.
rac, avec coins.

Suite complète de 10 planches à toutes marges (3 pl remontées),
gravées par Sadeler.

98 **Rosis** (Angelo). A New Book of Ornaments consisting of
compartment Decorations of Theaters, Cielings, Chimney
pieces, doors, Windows, and Other beautyful Forms usefull.
London, F. Vivarès, 1753; in-fol., dem.-rel. v.

Suite complète de 24 planches, y compris le titre : *Décoration de
théâtres, plafonds, cheminées*, etc.

99. **Santi** (Domenico). Il primo Libro di Soffitti... et intagliati
da Carlo Buffagnotti. *Bologna*, 1694. — Campi ornati Opera
seconda (e terza). *Bologna, Mattioli*, 1695. — Ens. 2 vol.
in-fol., dem.-rel. v.

Le 1" livre renferme 26 planches (remontées) représentant des *plafonds* et autres ornements. Les 2 autres livres renferment chacun
14 planches à toutes marges, soit 28 planches de *cartouches* et *cadres*
(Guilmard n'indique que le premier livre).

5° ECOLE ANGLAISE

100. **Flach** (Thomas). A Book of Ienvellers Work. *London, pu-
blish' d by T. Flach according to act of Parliament 20 oct.
1736*. In-4 oblong, cart.

Suite rare de 6 planches de *dessins de juaillerie* gravées par Fessey,
montées en un album (restauration à 1 pl.). — Non décrit par
Guilmard.

101. **Young** (John). A series of designs for shop fronts, Porti-
coes, and Entrances to Buildings, public and private. *London, J. Taylor*, 1828 ; in-4, dem.-rel. mar. vert à grain long
avec coins, tr. dor.

Couverture, catalogue] de la librairie Taylor et 3o planches dont le
titre-frontispice, de *façades de boutiques, portiques et entrées de
bâtiments publics et privés*.
Bel ex. avec les planches *coloriées*. Très rare.

102. **Architecture**. Réunion de 7 ouvrages ; in-fol. et in-4.

Vignole. Regla de las cinco ordenes de Architectura, trad. por Patritio
Caxesi. *En Madrid*, 1593 ; pet. in-fol., 45 *pl.*, d.-rel. (Mq. 1 pl. ?)

Serlio (S.). Regoli generali di Architettura (libro quarto). *Venetia, Marcolini di Forli*, 1540; in-fol., rel. anc. v. (dos refait).

Serlio (S.). Reigles générales de l'architecture, sur les cinq manières d'édifices. (à la fin) : *Fin de la IIIIe livre,.... translaté et imp. en Anvers, par P. van Aelst*, 1545; in-fol.

Francine (Alex.). Livre d'architecture contenant plusieurs portiques... *P.. Tavernier*, 1631 ; in-fol., *port. et 40 pl.*, rel. anc. parch. *(Manque le port. et la pl. 1).*

Bassi (Martino). Dispareri in materia d'architettura et perspettiva *Bressa*, 1572 ; in-4.° *12 pl.*, cart.

Fasch (J.-R.). Brundmaszige Anweiszung zu Aufreiszung der Portale... *Nurnberg, J.-C. Weigel. s. d.*; in-4, de titre, *1 f. de texte et 50 pl. de Portails*, dont 8 avec grilles, cart. anc.

Dietterlin (W.). Architectutra... 1593. (à la fin :) *Argentinæ*, 1595 ; 2 part. en 1 vol. in-fol., *pl.*, rel. anc. vélin (manque la planche 37 de la 1re partie ; la planche 36 est remontée). (On a joint 1 lot de 82 planches séparées de cet ouvrage).

103. **Bijouterie, Orfèvrerie.** — Réunion de plus de 180 pièces des XVIe, XVIIe et XVIIIe siècles, par Virgile Solis, L. Roupert, A. Van Vianen. Van Bommel, Simony, P. Bourdon, P. Decker, Blondus, Daudet, Mignot. J. Mussard. Fr. Le Febvre, etc. En feuilles, dans un carton (1 suite en dem -rel.).

104. **Ornements, Architecture, Sujets divers**, Animaux, etc. — Réunion de plus de 810 pièces des XVIe et XVIIe s. par Virgile Solis, Th. de Bry. Beham, de Bruyn, Cr. de Passe, G. Pencz. M. de Vos, H. Le Roy, J. Amman, Vico, H. Cock, Stella, Hollar, H. Jansen, etc., etc. — En ff., dans des cartons.

105. **Vases.** — Réunion de plus de 450 planches de vases des XVIIe et XVIIIe siècles, par Stella. Beauvais, Le Geay, Joly. J. Houdan, Scheemakers. Birevent, Petitot, etc.. etc. En feuilles. dans un carton (un certain nombre de doubles).

106. **Jardins.** — Réunion de plus de 840 planches diverses, gravures, dessins et aquarelles. — En ff., dans un cart.

II. BEAUX-ARTS

Recueils d'Estampes et de Lithographies
TOPOGRAPHIE — DIVERS

107. **Adam** (L.-S.). Recueil de Sculptures antiques grecques et
romaines. *A Paris, chez Chereau*, 1754 ; in-4, dem.-rel. bas.
avec coins.

> Suite de titre-front., préface, 58 sujets, numérotés de 1 à 60 et tirées
> sur 40 planches.

108. **Audran** (Girard). Les Proportions du corps humain, me-
surées sur les plus belles Figures de l'antiquité. *Paris, Girard Audran*, 1683 ; in-fol., de 4 ff. imp. (titre, préface,
privilège) et 30 planches, dem.-rel. v. rac. avec coins.

109. **Bloemaert** (Abr.). Sacra Eremus Ascetarum. 26 planches,
dont le titre. — Sacra Eremus Ascetriarum. 26 planches
dont le titre. — *Bolsuerd, sculp. et exc.* — Ens. 2 suites
complètes, en ff.

> On y a joint 95 planches diverses de A. Bloemaert (*Etudes, sujets,
> animaux*, etc.).
> Ens. 147 pièces.

110. **Brichet** (F.R.J.). Recueil de grifonnement et eau-forte.
A Paris, chés la V° de F. Chéreau. Pet. in-4 oblong, dem.-
rel. v. avec coins.

> Suite de titre gravé et 11 planches renfermant chacune 2 sujets.

111. **Cochin** (C.-N.). Portraits. Réunion de 61 portraits gravés
par Cochin lui-même, par St-Aubin, L. Cars, Lempereur,
Cathelin. Miger, Le Beau, Choffard, Watelet, etc. ; en por-
tefeuille.

Portraits de d'Alembert, Blanchard, Fr. Boucher, Chardin, C.-M.
Cochin, Duchange, D. Hume, Jombert, de La Condamine, La Motte-
Picquet, Marquis de Marigny, Mariette, Prince de Turenne, Villeneuve-
Vence, Jos. Vernet, etc.

112. **Gheyn** (Jacob de). Les Chefs des Tribus d'Israël. *Visscher,*
excudit. In-4. dem.-rel. v. avec coins.

Suite de 10 pièces (remmargées, sur 12), d'ap. Carel van Mander.

113 **Hubert-Robert**. Les Soirées de Rome, dess. et gravées
par Robert. 1er cahier (- 2e cahier). A *Paris, chez J. Mar-*
chand — Suite complète de 10 planches en 1 vol. in-4. rel.
pleine bas. rac.. dos orné. fil.

114. **Lafage** (Raymond de). Recueil des meilleurs desseins de
Raimond La Fage, gravé par cinq des plus habiles graveurs
et mis en lumière par les soins de Van der-Bruggen. *Paris,*
J Vander-Brugges. 1689 ; in-fol.. dem.-rel. anc. vélin.

Titre, portrait de P.-V. Bertin par Edelinck, à qui l'ouvrage est dédié,
dédicace et discours, 4 ff. grav., port. de J. Vander-Bruggen et 48 planches avec 64 sujets.

115. **La Rue** (L.-F.) et Ph.-L. **Parizeau**. Œuvres. A *Paris,*
chez l'auteur. 1770-1782 ; in-fol.. dem.-rel. anc. bas., tr.
marb.

Recueil composé :
1º de 3 suites de *Différentes compositions* (Cah. A. B. et C) de 12 sujets (le cah. A. de 13) sur 6 ff. chacun.
2° de 7 suites de *Vases, trépieds, autels, tables, chandeliers,* etc.,
dans le goût antique (Cah. D, de 6 sujets, sur 6 ff; cah. E, de 8 sujets
sur 4 ff. ; cah. F, G, H. I et K, de 12 sujets sur 6 ff. chacun (mq. la
pl. 6-7 du cah. F ; la pl. 5-6 du cah. G est en double).
Ensemble 58 planches gravées par Parizeau, d'ap. La Rue.
3ª de 47 planches dess. et gravées par Parizeau, comprenant : 7ª *suite*
de différents sujets. 8 sujets sur 5 planches (mq. la pl. 5-6) ; *Albinus.*
Suite de 6 planches ; 6ª *suite de figures drapées.* 7 sujets sur 6 planches ; 4ª *suite de figures.* 12 sujets sur 6 planches ; *Iconologie* (1ª, 2ª
et 3ª suite), 18 planches — Ens. 47 planches.
Au total 105 planches. Bel ex. dans sa rel. de l'époque. (Les pl. ne
sont pas reliées dans l'ordre.

116. **Perelle**. Recueil (et 2e recueil) de Perelles (*sic*) dess. et
gravés d'après nature par lui-même pour l'utilité des ar-

tistes, provenant du fond de feu M. Drevet, graveur du roi.
A Paris, chez Esnauts et Ravilly, s. d. ; 2 vol. in-fol..
dem.-rel. anc. v.

Recueil composé de titre et de 102 planches renfermant 177 sujets
pour le 1er vol., et de titre et 48 planches doubles pour le 2e.

117. **Poussin** (G.). Dodici Paesi dipinti sul muro in uno dei
Saloni del Palazzò Colonna. *In Roma*, 1813 ; in-fol., dem.-
rel. v. avec coins.

Titre et 12 planches gravées par F. Giuntotardi.

118. **Vanloo** (Carle). Six figures académiques. *Paris, Ve Chereau.* 6 planches à toutes marges. — Recueil de différentes
charges dessignée (*sic*) à Rome. 12 pl. (remmargées) dont le
titre, grav. par Le Bas et Romanet. — Ens. 2 vol. in-fol. et
in-4, dem.-rel. v. et cart. (Portrait ajouté).

119. **Garsault** (de). L'Art de Perruquier, 1767 ; *avec 5 planches.* — **Duhamel du Monceau**. L'Art du Potier de terre,
1773 ; *avec 17 pl.* — Ens. 2 ouv. in-fol., cart. et dem.-bas.

Le 2e ouvrage est incomplet de la planche 14.

120. **Charlet**. Albums lithographiques. Réunion de 2 portraits
et 367 planches, reliées en 2 vol. in-4, dem.-rel. chag. rouge
avec coins, tr. dorées (16 pl. remmargées).

121. **Lemercier** (C.). Convoi funèbre des victimes de l'attentat
(Fieschi) du 28 juillet 1835 (5 août 1835). *Paris, Brioude,*
(1835) ; in-fol. obl., cart. orig.

Lithographie publiée en 8 feullles, se dépliant, et mesurant plus de
3 mètres.

122. **Raffet** (A.). Dessins faits d'après nature au siège de la
Citadelle [d'Anvers. *Paris*. In-fol. obl., dem.-rel. v. avec
coins.

Suite complète de couverture et de 24 planches lithographiées. (Les
pl. 7 et 15 sont remmargées ; les pl. 14, 22 et 23 sont à l'adresse de
Bertauts).

123. **Raffet** (A.). Albums lithographiques, pièces diverses. Réunion de 124 planches, reliées en 1 vol. in-4, dem.-mar. grenat avec coins, tr. dor.

Réunion comprenant :

Albums de 1830 (7 pl. sur 12 : N° 2, 5 à 7, 11 et 12) — 1831 (5 pl. : n°' 3 à 5, 8 et 10) — 1832 (front. et 8 pl. : n° 1 (en double), 2, 3, 5, 10 à 12) — 1833 (7 pl. : n°' 3, 4, 7, 9, 10 et 12) — 1834 (8 pl. : pl. 3, 5 à 11) — 1835 (3 pl. : n° 2, 5 et 8) — 1836 (9 pl. : n°' 1 à 6, 8, 10 et 12) — 1837 (5 pl. : n° 5, 7, 9 à 11).

Pièces éditées chez Frérot, 5 p. — Hist. de Jean-Jean. 15 p. (sur 16). — Pièces éditées chez Moyon, 10 p. — Chez Chabert, 7 p. (dont 1 double). — Croquis pour l'amusement des enfans. 1'° série : couv. et 12 p. (sur 20) ; 2° Série : 6 p. (sur 8), plus partie de 2 p. — Pièces diverses, 7 p. — Titres de romances. 6 p.

On a ajouté en tête, 1 port. de Raffet, par lui-même, 1 menu en couleurs (non cité) et **3 croquis originaux** au crayon (2 de costumes militaires au recto et verso et un paysage).

En tout 129 pièces. — Plusieurs pl. sont en 2° tirage : 22 pl. sont remmargées ; 3 coloriées ; 3 imp. sur pap. jaune ; petites cassures à 4 planches. Les planches n'ont pas été reliées dans l'ordre du catalogue de l'œuvre.

124. **Jombert** (Ch.-Ant.). Essai d'un catalogue de l'OEuvre d'Etienne de La Belle. *Paris, l'auteur.* 1772 ; in-8, *2 vign. par Cochin*, dem.-rel. v.

125. **Atelier Rosa Bonheur**. Catalogue des Tableaux (aquarelles, dessins, gravures) par Rosa Bonheur. *Paris, Georges Petit*, 1900 ; 2 vol. in-4, *pl. et fig.*, dem.-rel. mar. bleu avec coins. têtes dor., *ébarbés*.

Bel exemplaire.

126. **Bocher** (Emm.). Les Gravures françaises du xviiie siècle ou Catalogue raisonné des estampes, eaux-fortes, pièces en couleur, au bistre et au lavis, de 1700 à 1800. *Paris. Lib. des Bibliophiles et chez Rapilly*, 1875-1877 ; 4 vol. in-4, *port. et pl.*, cart. bradel percal. verte, n. rognés.

1'° fascicule : *Nic. Lawreince* — 2° fascicule : *P.-A. Baudouin* — 3° fascicule : *J.-B.-S, Chardin* — 4° fascicule : *Nic. Lancret.*
Un des 450 ex. sur papier vergé.

127. **Bry** (A.). Raffet, sa vie et ses œuvres. *Paris, Baur*, 1874.
— **Giacomelli** (H.). Raffet, son œuvre lithographique et ses
eaux-fortes. *P., Gazette des Beaux-Arts*, 1862. — Ens.
2 ouv. en 1 vol. in-8, *pl. et fac-sim.,* cart. dos toile, éb.,
couv. cons.

128. **Goncourt** (Ed. et J. de). L'Art au dix-huitième siècle.
3º édit. — 12º fascicule : Debucourt — 13º faccicule : Fragonard — *P., Quantin*, 1883 ; 2 fasc. in-4, *pap. vergé, pl.,*
cart. percal., n. rog., couv. (4 pl. ajoutées au fascicule de
Fragonard ; mq. 1 pl. à celui de Debucourt).

129. **Lampe** (Louis). Signatures et monogrammes des Peintres
de toutes les écoles. *Bruxelles, Castaigne,* 1895-1898 ;
3 tomes reliés en 1 vol. in-8, dem.- chag. bleu avec coins.

130. **Pineau** (Les), sculpteurs, dessinateurs des bâtiments du
Roy, graveurs, architectes (1652-1886). *Paris, pour la So-
ciété des Bibliophiles Français. Chez Morgand*, 1892; in-4,
pl. et fig., cart. bradel percal. avec coins, *non rogné.*

Ex. imprimé pour la Bibliothèque de M. le Baron de Ruble.

131. **Beaulieu.** Plans et profils des principales villes du Duché
de Lorraine, avec la carte géuérale et des particulières de
chascun gouvernement d'icille ; 1 vol., de *8 pl., dont le titre*
— du Comté de Flandre ; 1 vol., de *82 pl., dont le titre et le
front.* — du Comté d'Alost, duchés de Brabant, de Gueldre,
de Cambray, comtés de Haynaut, de Namur et duché de
Luxembourg ; 1 vol., de *94 pl., dont 8 titres* — du Comté
d'Artois ; 1 vol., de *44 pl., dont 1 titre et 1 pl. d'armoiries*
— de Catalogne et de Roussillon ; 1 vol., de *102 pl. dont
2 titres.* — *A Paris, chez le chevalier Beaulieu.* — Ens.
5 vol. pet. in-4 obl., rel. anc. v. (Bel ex.).

132. **Félibien** (Dom M.). Histoire de la Ville de Paris. Rev.,
augm. et mise au jour par Lobineau. *P., Desprez et Deses-
sarts*, 1725 ; 5 vol. in-fol., *front., vign., plan et 32 pl.,* rel.
anc. veau.

133. **Zurlauben**. Tableaux topographiques, pittoresques. physiques, historiques, moraux, politiques. littéraires, de la Suisse. *Paris, Clousier*, 1780 ; 2 vol. in-fol., dont 1 de texte (tome 1er) *avec front. et plan*, et 1 vol., de *217 planches,* rel. anc. veau. (*Mq. le portrait*). rel. pl. v. anc.

134. **Route du Mont Cenis**, 7 pl. — Route du Simplon. 28 pl. — *Lith. de Langlumé* ; in-fol. obl., dem.-rel. v.

Album de 35 lithographies par Renaud et Weber, tirées en bistre (2 en noir).

135. **Escrime. — Fabris** (Salvator). De lo Schermo overo Scienza d'arme. *Copenharen, Wallkirch*, 1660 ; in-fol., dem.-rel. vélin.

Ex. incomplet de environ 20 ff.,; plusieurs autres (pp. 153 à 164) et table sont endommagés dans le haut enlevant un peu de texte.

On a joint :

Angelo. Eccle des armes. Réunion de 42 pl. (sur 47 ; mq les pl. 18 et 44 à 47, dess. par J. Gwyn, gravées par Hall, Ryland, etc. En ff., dans un carton.

136 **Petite Galerie Dramatique** ou Recueil des différents costumes d'acteurs de théâtres de la Capitale. *Paris. Martinet* ; in-8. en ff., dans un cart. mar. à grain long. et mos.

Réunion de 348 planches de cette collection (dont 7 remmargées),

137. Sous ce numéro, il sera vendu un certain nombre de Recueils ou Suites de figures par Tempesta, J. Stradan, H. Banng, Diepenbeeck, etc.

E. Chaufour. 6-8, rue Milton. Paris

www.ingramcontent.com/pod-product-compliance
Ingram Content Group UK Ltd.
Pitfield, Milton Keynes, MK11 3LW, UK
UKHW022329170726
13837UKWH00005BA/2187